哇，科学有故事！

地球和月球的故事

[韩] 宋恩英 / 文　[韩] 张淑熙 / 绘　千太阳 / 译

人民东方出版传媒
People's Oriental Publishing & Media
東方出版社
The Oriental Press

目录

哥白尼叔叔，
您是怎么发现地球
会旋转的呢？

很久以前，人们都认为地球是宇宙的中心。我原本也这么认为。但是经过长时间观察夜空后，我发现这种观点是错误的。

1

公元前 300 年左右，古希腊哲学家柏拉图认为，宇宙是围绕地球转动的。当时人们很自然地接受了这个观点。但是也有人不认同柏拉图的观点。例如，古希腊天文学家阿里斯塔恰斯就提出地球是围绕着太阳运行的观点。

希腊天文学家托勒密同样认为地心说是正确的。

人们都觉得地心说才是正确的，于是日心说便渐渐被遗忘了。
在之后一千多年的时间里，人们始终认可托勒密的地心说。

1473 年，尼古拉·哥白尼出生在波兰一个富裕的家庭里。虽然他的父亲早早去世，但他的舅舅非常用心地照顾着哥白尼一家。在舅舅的资助下，哥白尼不仅考上了大学，还在毕业后到意大利留学。

当时，意大利正掀起一场思想文化运动——文艺复兴。意大利的各个城市都用贸易赚来的钱建造了很多建筑，创作了无数画作和雕塑。

"这次得建造一座新的宫殿。"

"你帮我画一幅肖像画吧。"

"我们需要装饰教堂的华丽壁画。"

随着人们对科学研究的热衷，一些新的科学观点渐渐显露出来。

托勒密的观点存在很多疑点。

虽然科学有了缓慢的发展，但是人们依然坚信地球才是宇宙的中心。当时，哥白尼在博洛尼亚大学听讲。

"地球位于众多天体的中心，这是很正常的事情。其实经过缜密的观测后，人们发现地球稍微有些偏离中心的位置。"教授对地心说坚信不疑。

"如果神创造的宇宙是完美的，那么地球为什么不在宇宙的正中间呢？"哥白尼的心中浮现出一个巨大的疑团。

他开始搜集各种有关天文学的理论资料。

在这个过程中，哥白尼无意间接触到阿里斯塔恰斯的理论。

"哦，天啊！居然之前早就出现过主张日心说的科学家！"

哥白尼的日心说

太阳是宇宙的中心，而且不会移动。

地球每天自转一周。

地球每年绕着太阳转动一周。

　　大学毕业后，哥白尼就回到波兰，开始对天体进行观测。为了方便观测天体，他在自己家的旁边建了一座塔，作为观测天体的天文台。每次观测完天体，他都会认真地进行计算和记录。而在研究自己的观测结果时，哥白尼的心中生出了一个疑问。那就是不论他如何计算，观测出来的结果都与托勒密所提出的地球是宇宙中心的观点相差甚远。

太阳系的其他行星也绕
着太阳转动。

如果把太阳放在中心位置代替地球,那一切就能
说得通,而且与他观测的结果也很吻合。

这是一个非常惊人的发现。因为它是一种完全颠
覆人们认知的观点。哥白尼花费很长时间,对自己的
观测结果和理论进行了整理,然后在 1543 年出版了
讲述自己观点的著作《天体运行论》。

地球的公转

地球是太阳系中离太阳第三远的行星。地球会以一年为周期，绕着太阳进行公转，我们每天看到太阳升起落下，因此在地球上看，仿佛是太阳每年在绕着地球转动一周一样。

季节的变化

由于地球以倾斜23.5度的状态绕着太阳公转，所以地球上各处每天接收到的阳光照射量会出现差异。这就是地球上会有季节变化的原因。

夏季

太阳照射北半球更多一些，所以北半球气温较高。

星座的变化

由于地球绕着太阳公转，所以不同的季节能看到不同的星座。

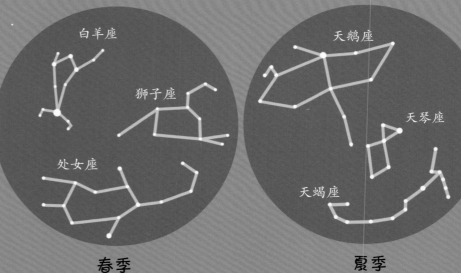

白羊座

狮子座

处女座

天鹅座

天琴座

天蝎座

春季

夏季

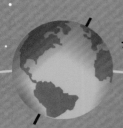

春季

春季和秋季时，南半球和北半球接收阳光照射的量是相似的。

冬季

北半球在远离太阳的方向倾斜，所以气温较低。

秋季

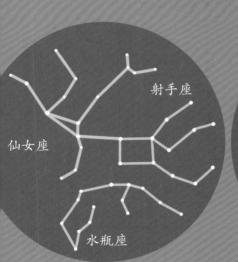

射手座

仙女座

水瓶座

秋季

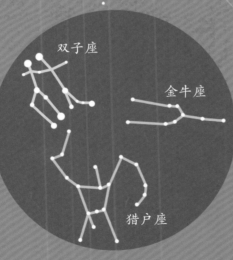

双子座

金牛座

猎户座

冬季

科学的发展和教会

　　随着文艺复兴的兴起，意大利的科学也有了很大的发展。在哥白尼撰写的《天体运行论》出版后，相信日心说的人变得多了起来。但是教会并没有认可日心说。一直以来教会都在宣传地心说，所以教会害怕承认日心说后，人们便不再相信上帝的存在。最终，教会领导者们对那些相信并宣传日心说的人进行了严厉的处罚。

　　当时，一位名叫布鲁诺的天文学家就确信地心说是错误的。而当他把这个想法告知别人时，教会领导者们直接将他赶出了意大利。然而，布鲁诺并没有向他们屈服，依然四处宣传日心说。教会把布鲁诺抓了起来，对他进行宗教审判。最终，布鲁诺被判有罪，处以火刑。当时，对于那些提出的观点不符合教会教义的人，教会就会对他们进行宗教审判。

　　那时，虽然科学已经开始发展起来，但教会的力量依旧非常强大。

中世纪教皇厅举行的宗教审判

伽利略叔叔，
**听说月球表面是
凹凸不平的？**

古希腊哲学家亚里士多德认为月球表面是光滑的，所有人都相信了他的话。但我用望远镜进行观察之后，发现月球的表面是凹凸不平的。直到这时，人们才得知这一事实。

月球是离地球最近的一个天体。在古代文明发达的中国、美索不达米亚等地区的人们，很早就知道月亮的形状会以一个月为周期发生变化。他们还根据这种现象制作出了历法。

使用历法的古人们对月亮充满了好奇。

在古代，人们非常害怕日食和月食现象，因为他们认为这是神在发怒。

日食是月亮遮住太阳而出现的一种现象，而月食则是地球的影子把月亮遮住的一种现象。但是古人们并不清楚太阳和月亮消失的原因。

公元前 300 年左右，亚里士多德在看到月食后，发现那其实是地球的影子照在月亮上形成的现象。

"那不是神发怒了，只是地球的影子而已。"

15

很久以前，由于没有望远镜，人们很难观察到天体。再加上只能用肉眼观察天空，因此人们根本不了解宇宙中有什么样的星星，只觉得它们离地球那么远。

虽然文艺复兴运动带动了科学的发展，但是人们能够用肉眼看到的星星依然非常有限。因此，当时的人们所知道的星星数量远比我们现在知道的要少。

约 1600 年时，意大利科学家伽利略·伽利雷用刚发明出来的望远镜观察了猎户座和银河后，感到兴奋不已。因为他看到夜空中有无数原本用肉眼看不到的星星在闪闪发光。

天空比人们想象得更广阔，星星的数量也数不胜数。在对距离地球最近的天体——月亮进行仔细观测之后，伽利略发现了一个非常惊人的事实。

亚里士多德认为月球的表面是光滑的。在伽利略对月球进行观测之前，人们始终坚信亚里士多德是正确的。而在使用高性能望远镜对月球进行细致的观测之后，伽利略发现月球的实际形态与亚里士多德的描述相差甚远。

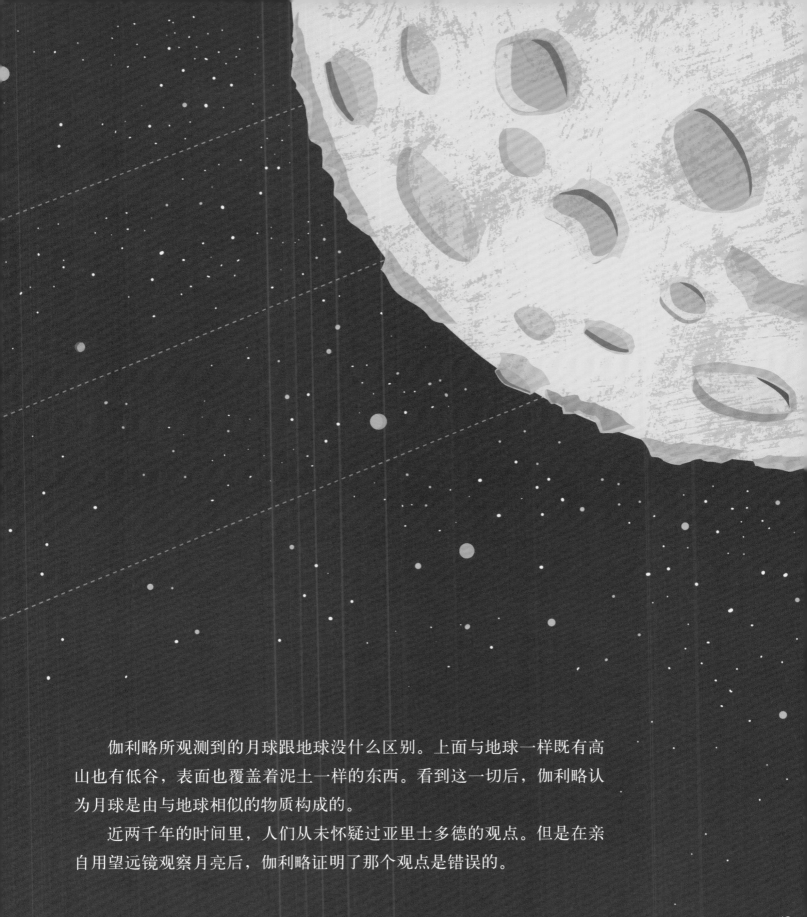

伽利略所观测到的月球跟地球没什么区别。上面与地球一样既有高山也有低谷，表面也覆盖着泥土一样的东西。看到这一切后，伽利略认为月球是由与地球相似的物质构成的。

近两千年的时间里，人们从未怀疑过亚里士多德的观点。但是在亲自用望远镜观察月亮后，伽利略证明了那个观点是错误的。

月球

月球的大小
约为地球直径的四分之一

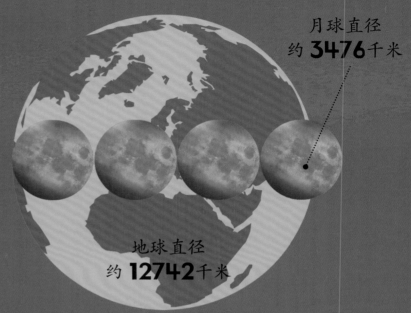

月球直径
约 **3476** 千米

地球直径
约 **12742** 千米

月球是绕地球运转的天体。月球每个月绕地球转动一周的现象，称为"月球的公转"。此外，月球每个月还会自己旋转一周。这种现象称为"月球的自转"。月球公转一周的时间和自转一周的时间是相同的，约为 27.3 天。

地球到月球的距离

384400 千米

月球的公转和形状变化

月亮变回原来的形状大约需要一个月的时间。

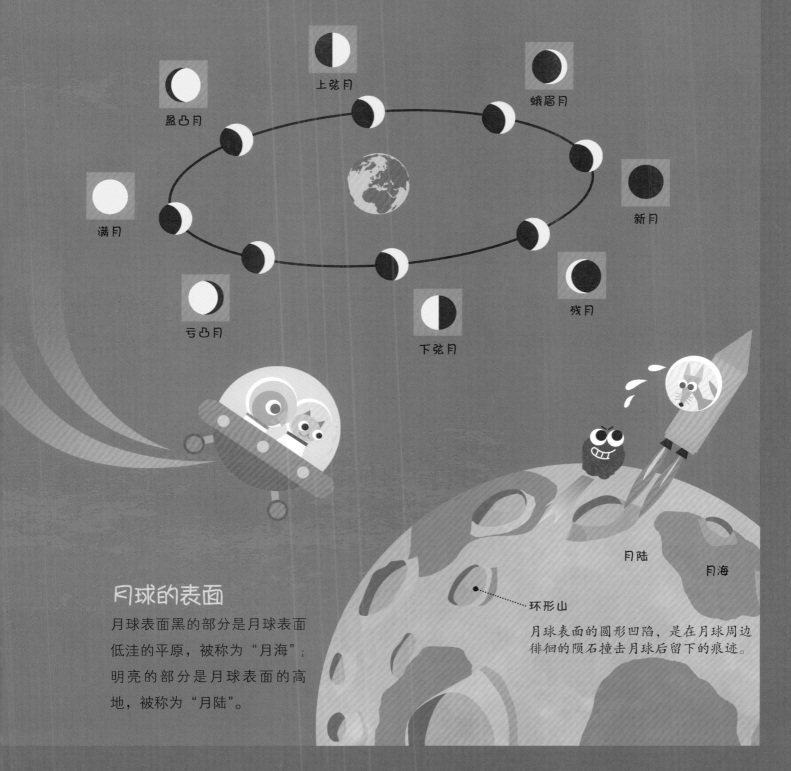

上弦月

盈凸月

蛾眉月

满月

新月

亏凸月

下弦月

残月

月球的表面

月球表面黑的部分是月球表面低洼的平原，被称为"月海"；明亮的部分是月球表面的高地，被称为"月陆"。

月陆

月海

环形山

月球表面的圆形凹陷，是在月球周边徘徊的陨石撞击月球后留下的痕迹。

仰望月亮的人们

　　古人把月亮看得跟太阳一样重要。因为白天太阳会照耀世间，而太阳下山后，月亮就会填补那个空缺。因此，很多神话故事中都会有月神的出现。

　　古罗马神话中就有一个叫作露娜的月亮女神，古希腊神话中也有一个叫作塞勒涅的月亮女神。两位女神都以头顶着一轮明月的形象登场。1959年1月，苏联发射了一枚月亮探测器，这枚探测器的名字就取名"露娜"。1998年，美国发射的一枚月亮探测器也被命名为"露娜"。

　　在印度神话中有一位南无月光菩萨。据说，她是她的母亲吞下月亮后生下的。中国神话中的月神是嫦娥。2007年10月，中国成功发射月亮探测器，它的名字也是借鉴月神的名字，被命名为"嫦娥一号"。

　　虽然大多时候提到月神，人们容易联想到女性，但也不尽然。在古埃及神话中，月神的名字叫孔斯。孔斯用埃及语来解释是"旅行的人"的意思。孔斯就是一位男性神。它是一个象征着年轻，并拥有治愈能力的神灵。

头顶着月亮的月亮女神露娜

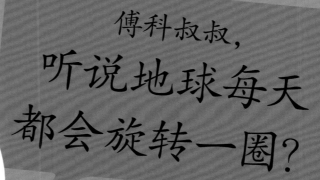

傅科叔叔，
听说地球每天
都会旋转一圈？

通过对天体进行观测，科学家们发现地球在自转。不过，这些都是从宇宙中找到的证据。然而，我却利用一个旋转的巨型钟摆，就证实了地球的自转。

自从伽利略用望远镜观测天体后，科学家们找出了很多地球在旋转的证据，但是这些证据全都是从地球之外找到的。

19 世纪，法国物理学家莱昂·傅科在家中有一个实验室。一天，他在实验室里用一根棍子做了一个简单的实验。

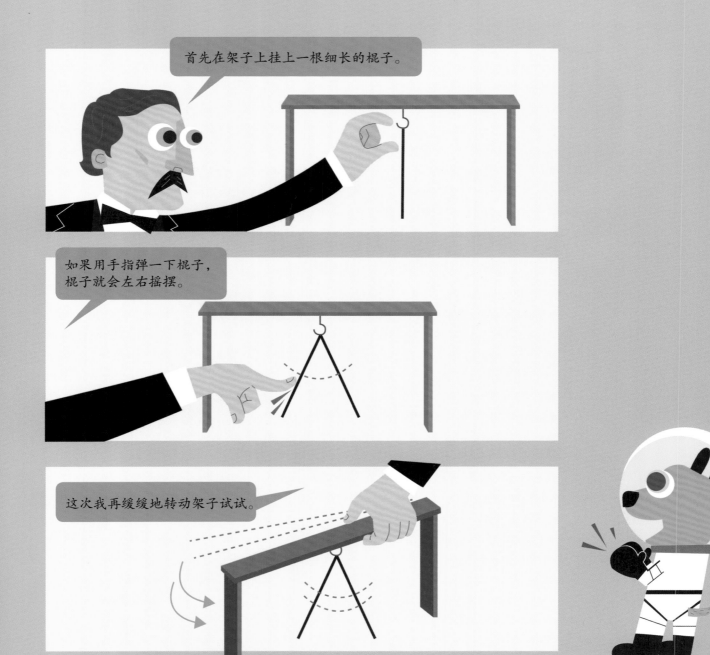

棍子居然不会跟随着架子转动，而是会按照原先移动的轨迹来回摇摆。

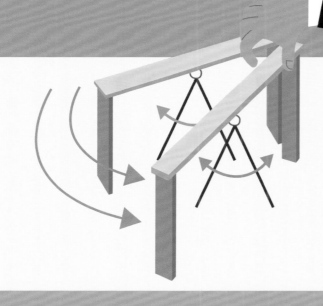

"哇，这是一个惊人的发现！"
傅科不由得发出了一声惊叹。
之后，傅科又在钢琴线上挂上一个钟摆代替了棍子，然后重新做了一遍之前的实验。
可是实验结果并没有什么不同。
"对了。或许我可以用这个实验来证明地球的自转！"

1851 年 1 月 3 日，傅科在自家实验室的天花板上挂了一根长 2 米左右的细绳，然后在绳子的末端绑了一颗重达 5 千克的钟摆。他在地上铺了一层沙子，然后推动了钟摆。如果地球自转，那钟摆就会在沙子上留下多条痕迹；如果地球不自转，那它只会留下一条相同的痕迹。

傅科的实验结果是，钟摆在沙子上留下了多条痕迹。傅科的钟摆在北半球为顺时针运转，在南半球为逆时针运转。

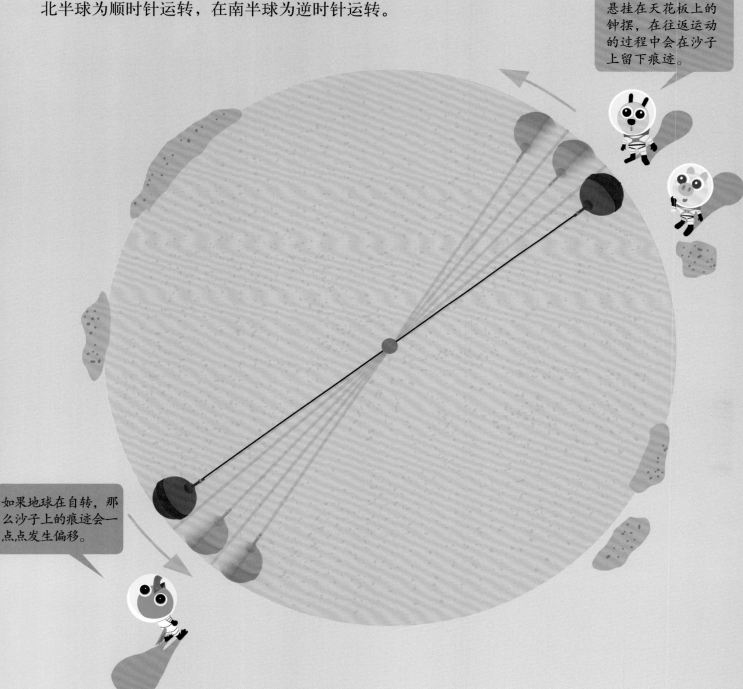

悬挂在天花板上的钟摆，在往返运动的过程中会在沙子上留下痕迹。

如果地球在自转，那么沙子上的痕迹会一点点发生偏移。

傅科很想让别人也看到这个实验结果。最终，傅科实验的消息传到了法国总统路易·拿破仑的耳中。

先贤祠是位于巴黎的一个大教堂，它的天花板很高，所以很适合用来悬挂巨大的钟摆。而且，它的面积非常大，能容纳很多人。

1851 年 3 月 26 日一大早，傅科就和他的助手们忙得汗流浃背。他们正在为实验做准备。

傅科的实验准备

铁球的重量：28千克

钢丝的长度：67米
钢丝的直径：1.5毫米

钢丝过粗就会受到空气的阻力，导致实验结果不够准确。

助手们在先贤祠的中央连接了一根长长的钢丝，然后小心翼翼地挂上了钟摆。路易·拿破仑也来到现场观看这场实验。

实验终于开始了。一个助手用绳子拽住钟摆，然后将绳子绑在教堂的墙上。来观看实验的人全都目不转睛地盯着被固定起来的钟摆。

当钟摆完全静止下来，傅科便向助手发出信号，助手立即用火柴点燃了绳子。过了片刻，绳子被烧断，钟摆开始摇摆起来。

傅科的钟摆实验

往返一次花费 16 秒。

每摇摆一次都会经过6米左右的距离。

每往返一次，沙子上的痕迹就会向一旁移动2毫米左右。

　　钟摆到了边缘处时，安装在铁球上的钉子在沙地上留下了一条细长的痕迹。人们耐心地等着第二条痕迹的出现。虽然一开始还不是很明显，但是随着时间的流逝，人们很轻易就能看出沙痕的方向发生了改变。在这一刻，地球的自转终于得到了证实。直到现在，傅科的钟摆依然在世界各国的博物馆里被展出，证明着地球的自转。

经过6个小时之后，沙子上的痕迹共移动了60~70度。

地球的自转

地球每天自己旋转一周的现象，称为"地球的自转"。地球每年绕着太阳转动一周做公转运动的同时，每天还会自转一周。地球自转时，各种自然现象会随之发生。

白天和黑夜的区分

地球对着太阳就是白天；地球背对着太阳，则会因为无法接收到阳光而变成漆黑的夜晚。地球每24小时会自转一周。

太阳

白天　黑夜

地球赤道上的自转速度

地球赤道上的自转线速度为时速1670千米，即每秒可以移动465米。据说，地球赤道上的自转线速度每100万年会变慢15秒左右。

6个小时

约45亿年前的地球

24个小时

现在

约**30**个小时

约20亿年后的地球

1个小时移动15度。

北极星

星空的周日运动

地球的自转，使得北极星周围的星星看起来像会沿着圆形轨道从东向西每天运转一周。

主张地球自转的洪大容

　　洪大容是18世纪朝鲜著名的科学家。洪大容出身名门，虽然人在仕途，但是却全身心地投入到自然科学的研究当中。对科学充满兴趣的洪大容还曾亲自制造出观测天文的工具——浑天仪和自鸣钟。他还在家里修建了一座名为笼水阁的天文台。

　　世界上最早利用水力转动的浑天仪和测定地震方位的候风地动仪，是由东汉科学家、文学家张衡创制的。他还写了两部天文学方面的著作《灵宪》和《浑天仪注》。

　　1765年，洪大容跟随使团来到中国，与中国的学者们展开交流，从而学到很多有关天文学和地理学的新知识。他还在北京遇到一些西方人，从他们那里学到了很多西方科学知识。此外，他访问中国的天文台，收获了各种新的科学知识。回到朝鲜后，洪大容编写了一本名为《医山问答》的书。在书中，洪大容提出地球的球形形状和地球自转的观点。他还认为宇宙是一个无限广阔的空间。虽然洪大容的这些主张非常超前，但当时的朝鲜人对科学技术并没有太大的兴趣，所以他的研究成果也没能得到太高的评价。

用来观测天文的浑天仪

通过科学发展
了解到的地球和月球
的模样

古时候，人们都以为地球就是宇宙的中心。但是随着科学的发展，地球围绕太阳转动的事实被证实。另外，月球的表面也不是大家原本认为的那样光滑，而是像地球一样既有高山也有低谷。

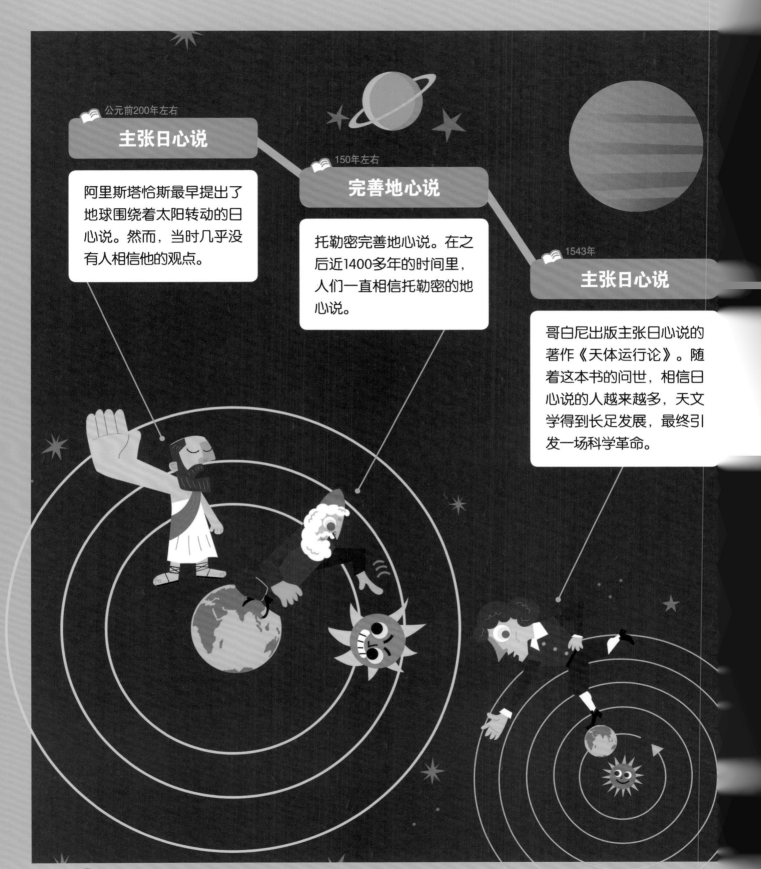

公元前200年左右

主张日心说

阿里斯塔恰斯最早提出了地球围绕着太阳转动的日心说。然而，当时几乎没有人相信他的观点。

150年左右

完善地心说

托勒密完善地心说。在之后近1400多年的时间里，人们一直相信托勒密的地心说。

1543年

主张日心说

哥白尼出版主张日心说的著作《天体运行论》。随着这本书的问世，相信日心说的人越来越多，天文学得到长足发展，最终引发一场科学革命。

标记的部分是正文中出现的内容。

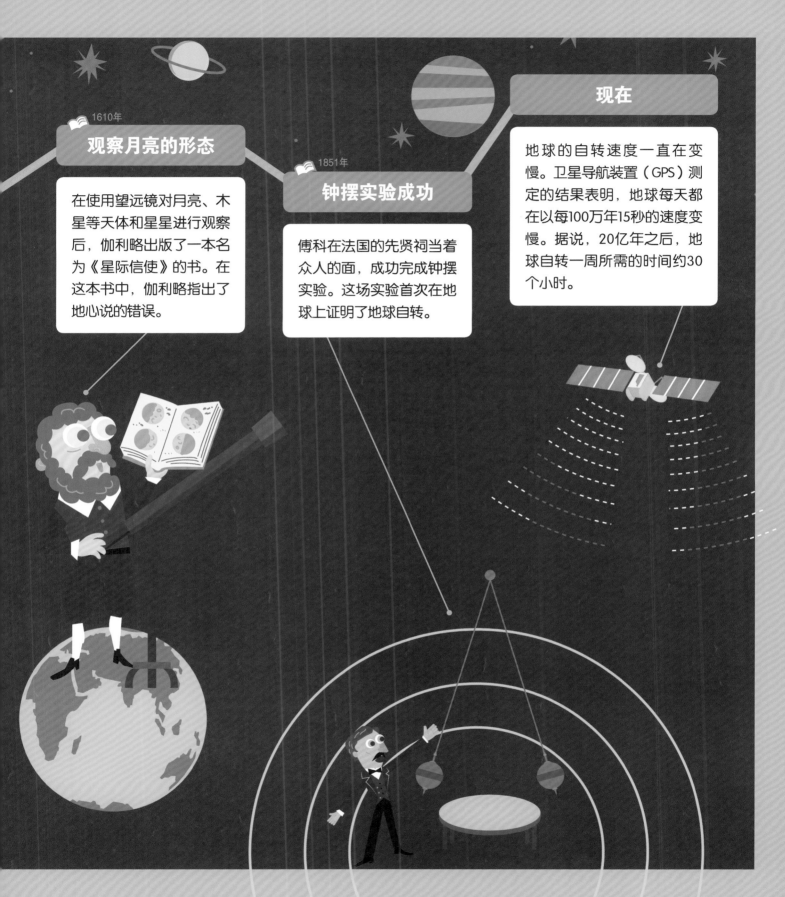

1610年

观察月亮的形态

在使用望远镜对月亮、木星等天体和星星进行观察后，伽利略出版了一本名为《星际信使》的书。在这本书中，伽利略指出了地心说的错误。

1851年

钟摆实验成功

傅科在法国的先贤祠当着众人的面，成功完成钟摆实验。这场实验首次在地球上证明了地球自转。

现在

地球的自转速度一直在变慢。卫星导航装置（GPS）测定的结果表明，地球每天都在以每100万年15秒的速度变慢。据说，20亿年之后，地球自转一周所需的时间约30个小时。

图字：01-2019-6047

날마다 돌고 돌아
Copyright © 2015, DAEKYO Co., Ltd.
All Rights Reserved.
This Simplified Chinese edition was published by People's United Publishing Co.,
Ltd. in 2020 by arrangement with DAEKYO Co., Ltd. through Arui Shin Agency &
Qiantaiyang Cultural Development (Beijing) Co., Ltd.

图书在版编目（CIP）数据

地球和月球的故事 /（韩）宋恩英文；（韩）张淑熙绘；千太阳译 . —北京：东方出版社，2020.7
（哇，科学有故事！第一辑，生命·地球·宇宙）
ISBN 978-7-5207-1481-5

Ⅰ . ①地… Ⅱ . ①宋… ②张… ③千… Ⅲ . ①地球—青少年读物 ②月球—青少年读物 Ⅳ . ① P183-49 ② P184-49

中国版本图书馆 CIP 数据核字（2020）第 038685 号

哇，科学有故事！宇宙篇·地球和月球的故事
（WA，KEXUE YOU GUSHI! YUZHOUPIAN·DIQIU HE YUEQIU DE GUSHI）

作　　者：［韩］宋恩英 / 文　　［韩］张淑熙 / 绘
译　　者：千太阳

策划编辑：鲁艳芳　杨朝霞
责任编辑：杨朝霞　金　琪
出　　版：东方出版社
发　　行：人民东方出版传媒有限公司
地　　址：北京市西城区北三环中路6号
邮　　编：100120
印　　刷：北京彩和坊印刷有限公司
版　　次：2020年7月第1版
印　　次：2020年7月北京第1次印刷　2021年9月北京第4次印刷
开　　本：820毫米 × 950毫米　1/12
印　　张：4
字　　数：20千字
书　　号：ISBN 978-7-5207-1481-5
定　　价：398.00元（全14册）
发行电话：（010）85924663　85924644　85924641

✑ **文字　[韩] 宋恩英**

出生于首尔，毕业于高丽大学物理学专业。毕业后，在高丽大学攻读原子核物理学硕士学位。曾荣获第17届韩国科学技术图书奖。主要作品有《俗语中隐藏的数学》《风先生迷上了科学》等。

🎨 **插图　[韩] 张淑熙**

毕业于加图立大学国史专业。为了能够让孩子们露出开心的微笑，现在主要给一些童话书和辅导教材等儿童图书绘制插图。主要作品有《不老泉》《自信满满一年级》《熙熙攘攘：凤九家的节日》《达莱家的家庭树》《果实村N住着什么样的邻居呢》等。

哇，科学有故事！ （全33册）

扫一扫
看视频，学科学